≋我的≋ 探险研学书

关于*沙漠、湿地、高山、草原、雨林冒险*的生命体验

亚马孙盆地

[英] 西蒙·查普曼 / 著

冯立群 / 译

电子工业出版社
Publishing House of Electronics Industry
北京·BEIJING

探访玻利维亚！

 我计划去玻利维亚北部的恩纳塔华河探险，那里是亚马孙雨林与安第斯山脉交汇的地方。据说（希望是真的）直到现在，从未有人到达过那里，因为人们一直认为翻越恩纳塔华河源头的山脊过于危险。临行之前，我还有许多事情要做……

私人装备清单

1. 两套轻便易干的服装。一套白天穿，另外一套在夜晚露营时穿（穿新换洗的衣服可以使人更加清爽）。

2. 抓地力良好的轻便靴子，还有乘独木舟时穿的凉鞋。

3. 蚊帐和吊床。我选的是一种特制两用吊床蚊帐，是泰国军队使用的。

4. 遮阳帽、驱蚊剂和包括疟疾药片在内的医疗装备。

玻利维亚购物清单：

灌木专用砍刀、塑料膜（可以做帐篷的棚顶）、各类鱼钩及承重超过20公斤的渔线，这样才能拖住鲶鱼。干制食品（包括大米、意大利通心粉和糖），需要把它们包裹两层后装在聚乙烯塑料袋里。

森林生物群落

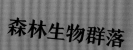

在森林生物群落中，大量树木覆盖着大地。我们这次旅途之中会经过一些热带干旱林，林中的树木通过脱落叶子减少水分散失来应对每年漫长的旱季。不过，南美洲的大部分森林属于热带雨林。这里降雨丰富，并且全年气候温暖，气温极少低于25摄氏度。这种湿润的环境有利于植物生长茂盛，野生动物繁衍生息。

仍然需要做的准备：

1. 解决接种疫苗问题！

2. 练习我的西班牙语（玻利维亚的官方语言）

南美洲的玻利维亚

探险队成员

　　几年前在南美洲探险的时候，我认识了朱利安。
我俩都进行过许多次的丛林探险。以前探险中曾雇佣
过的向导给我印象深刻，（我当时被一条小型凯门鳄
给咬了）这次由他帮我寻找新向导。

当地人的帮助

　　我打算雇佣两名当地人作为脚夫，
到达恩纳塔华河后，他们就完成了任
务，留下朱利安、向导跟我乘着独木舟
顺流而下，前往思纳塔华河同马迪迪
河的交汇处。从那里开始我们将徒步
穿越丛林。当地人对地形、野生动物
以及天气的了解能够帮助我们顺利到达
恩纳塔华河。

山脊线

这里有陡峭的悬崖和滑坡、湿滑难行的瀑流以及仅数米宽的狭窄山脊。

通往恩纳塔华河

图穆帕萨

图伊河

圣布埃纳文图拉

鲁雷纳瓦克

阿萨里亚纳斯·塞拉尼亚斯镇

图伊河

阿波罗市

洪都河

贝尼河

恩纳塔华河

　　恩纳塔华河位于玻利维亚，其源头处于安第斯山脉的高处其河口与马迪迪河交汇，长度超过 60 公里，属于淡水生物群落，为附近众多的动植物，比如红树林及美洲豹，提供着稳定的淡水水源。在我们之前还从未有人涉足恩纳塔华河领域进行探险。

　　我们需要准备一条便于携带的可拆卸独木舟，等到了河边再组装起来。这将是我们此行成功的关键。

安全着陆

到达玻利维亚！

今天我们本来应当直接飞往阿波罗市，但朱利安的一个背包（里面装有独木舟的外壳）没有跟其他行李一同到达。我们不得不在埃尔阿尔托机场多待好几个小时，可航空公司还是找不到那个背包。

在等待的时候，我们预约了一辆四驱越野车，以便前往的的喀喀湖区，另外还预约了一位名叫桑德罗的向导和两名脚夫——拉米罗和达尔文。我们最终还是没有找到背包的下落，需要去拉巴斯市中心寻找其他解决问题的办法。

拉巴斯是玻利维亚的第三大城市。

6

后来……

我们从拉巴斯市中心的一家狩猎和渔具商店（左图）购买了一个大号充气艇和四个小号充气艇。我们打算把几艘充气艇绑到一个木架子上，做成一条长筏，这样我们五个人就可以一同在恩纳塔华河上漂流了。脚夫宁愿跟我们一同乘木筏，也不愿意独自穿越森林返回，他们害怕森林里会有托洛蒙纳斯印第安人出没。

拉巴斯市中心的街头商贩

托洛蒙纳斯印第安人是玻利维亚的土著居民。人们普遍认为他们居住在玻利维亚东北部的马迪迪丛林之中。他们有自己的语言，不与外人接触，偶尔有人声称见过他们，但没有证据，也让人将信将疑。因而他们身上环绕着层层谜团，当地人十分忌惮。

翻越安第斯山

这次旅行真是太奇妙了！

我们穿过的阿尔蒂普拉诺高原十分平坦，几乎没有一棵树，间或点缀着摇摇欲坠的房屋。我们计划前往的的喀喀湖及山脉的另一边。道路一向泥泞不堪，但是谢天谢地，今天的路况还算不错。

当我们经过的的喀喀湖东边的时候，伊伊马尼山（海拔6438米）时隐时现。

我们一路蜿蜒而上，从伊伊马尼山和阿波罗邦巴山之间白雪皑皑的山峰通过，这里的海拔有五千多米。我们见到了美洲驼、羊驼（跟美洲驼长得差不多，但是毛更多一些），还有野骆马（右图）。现在我们即将下山，前往山峰的另一边，

然后进入丛林。

这是靠近罗萨里奥镇的路旁停车休息区。我们在这里检修了车子，然后就驱车沿山谷中的盘山道向下驶去。山谷十分陡峭，森林密布，还有几处小瀑布和一眼温泉。

晚上10点，阿波罗镇的图伊河

在汽车前灯的映照之下，我们可以看到形态各异的丛林植物。

阿波罗镇位于一片巨大的草原之上。一个长满青草的广场周围伫立着许多土坯房屋及一所古老的宣道教堂。明天的第一缕曙光降临时，我们将继续踏上行程。

山坡上的骆马

骆马、美洲驼与羊驼

这三种动物均属于骆驼家族，生活在安第斯山脉的野外。骆马周身覆盖着一层超级柔软的绒毛，美洲驼和羊驼周身也覆盖了一层柔软的毛。它们都十分适应了高山冻原生物群落的寒冷环境。

9

渡 河

我们驱车赶了一整天的路，

　　这是怎样艰难的一天啊！去图伊河的途中有一段泥泞不堪的道路，我们努力劝说司机半天，他才同意开车把我们带过去，他担心回程的时候万一搁浅，没有人帮他把车从泥里拖出来。

　　到了河边，桑德罗为我们砍了几根树枝作为拐杖，我们小心翼翼蹚着水去河对岸。不料，到了岸边才发现这里只是一个小岛，想要真正过河，我们还需要涉水往前。朱利安在河边的灌木丛中迷路了好大一会儿。他说拼命吹救生哨，几乎把自己的耳朵都震聋了，可还是没有人听到，这真是让人担心。当我们再次过河的时候，水流实在太急了，根本没办法蹚水过去。

我们的脚夫达尔文正在蹚着水过河。

幸运的是，我们看到前面有一个小男孩正依靠一块木板游泳过河。在巨大的水声中，桑德罗喊破嗓子，才成功召唤他为我们带回来一只巴尔沙木做的木筏（左图），用了四次才把我们和行李都运了过去。

太吓人了！

我们就这样度过了又乘车又涉水的漫长一天，然后在河边搭起帐篷休息。夜幕降临后，我听到了昆虫发出的嘀嗒嘀嗒声与青蛙咕呱咕呱的鸣叫声，还有某种夜鸟发出的鬼魅般的

呜嗷呜嗷的叫声。

黄昏时刻河边的景色

后来……

我们把所有食物和充气艇打包装好，为明天的远征做准备。

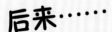

11

在山中

8月3日, 黄昏

恩纳塔华河就位于山的另一边, 距离我们约20公里。所有人都把背包收拾停当, 做好了出发的准备, 除了桑德罗 —— 他睡过头了。

山脊阻挡了通向恩纳塔华河的路。

爬! 爬! 爬! 我们几乎一整天都在爬山。倾盆大雨倾泻而下, 把我们淋成了落汤鸡。第一道山脊变得越来越狭窄, 又有布满尖刺的巨大凤梨花、仙人掌和荆棘拦在路中, 我们身处雨天中的热带干旱林之中了。因为行李沉重, 两名脚夫停下来休息了一下。而朱利安和我则用刀左劈右砍, 开拓道路。

12

　　我们非常艰难地从昨晚露营的沟壑中爬了出来。一个近乎垂直的山崖横亘在面前，在相对平缓的地方长满了一层潮湿的欧洲蕨。我在前面开路，几只蜜蜂不由分说地蜇了我的脸。

害得我几乎从悬崖上摔了下去！

云雾森林

　　在这段旅程的大部分时候，森林都笼罩在白云之中，我们就好像走在雾中一样！这使得沿路苔藓生长茂盛，甚至盖住了其他植物。

　　在这座云雾森林里，山坡异常陡峭，我们不得不奋力攀爬，就像是有只大手在把人径直向上拎起一样。渐渐地，我变得精疲力竭，放松了警惕，以致忘记了在攀爬的时候要小心蛇虫叮咬。庆幸的是，我还没有碰到蝎子或蜘蛛。

矛头蛇

　　矛头蛇是一种蝮蛇，它是中美洲和南美洲最为致命的毒蛇。矛头蛇喜欢在夜晚出没，捕食青蛙、蜥蜴及小型啮齿动物。白天的时候，矛头蛇则蜷缩起来，隐蔽在森林的地面上，很难被人发现。

13

蜘蛛猴

　　现在，我有点担心是否真的能够抵达恩纳塔华河，又一道山脊横亘在了我们面前。触目所及之处都是竹林，地面上布满松软的落叶和枯枝，人踩在上面能直接陷到腰部，根本触及不到真正的地面。我们经常得挣扎着从"陷阱"里爬出来，然后手脚并用着前进。

这里有很多蜘蛛猴。

　　蜘蛛猴在觅食的时候会发出一种高亢的尖叫声，这是为了吸引猴群中的其他成员。人可以通过边喊叫边用手指遮掩嘴形来模仿这种叫声。这会让猴子们以为遇到了同类，从树上荡过来一看究竟。

被我的"嗷嗷"声引来的蜘蛛猴。

　　我的举动惹得桑德罗哈哈大笑，成功地吸引了差不多30只蜘蛛猴。它们坐在周围的树枝上，发出"嗷嗷"的叫声回应，直到我们走出它们的领地。

"嗷嗷"

14

蜘蛛猴

蜘蛛猴身体纤瘦，四肢修长，常见于中美洲和南美洲。它们的尾巴十分奇特，能够牢牢抓住树木顶端的枝条。它们以树上的坚果、水果、鸟蛋及蜘蛛为食，并通过系列叫声来彼此交流。

8月6日

今天我们仅仅前进了两公里，先是向上艰难地攀爬了450米，又向下行进了250米。

一只雌性动冠伞鸟（上图）拜访了我们的营地。我写下这行文字的时候，它仍然在那里不停地叫着。它跳来跳去，然后直直地向上跳到了一根栖木上，我拴吊床的地方。

重大突破！

我们已经成功翻越了第二道山脊！然后，我们想继续沿东北方向前进，山中的峡谷总让我们偏离方向。我现在感觉很累，很难再专心地继续前进了。

后来……

一条长有尖刺的藤萝扎伤了我的手指，害得我摔了下去，幸好中途及时抓住了一根细树干。我的肩膀几乎脱臼了，幸运的是，没受什么重伤……

进入大峡谷

当仰面朝下倒在路上时，我看到了：

- 一只橙色的螨虫迅速爬过一片落叶。
- 一只竹色的小蟑螂。
- 棕色的毒菌，看起来像是高尔夫球的球座。
- 白色的真菌，看起来像是卫生间里的卷纸。

8月7日？（我已经记不清楚日期了）

由于山脊顶端的饮用水很少，而且还有缠绕不清的藤蔓及一排排的竹子拦住了前面的道路，桑德罗决定不再继续沿着山脊往前走，而是改道下山。然而，我认为他的决定是错误的。

果然，问题出现了，我们身处的小山谷一下子变成了一个岩石密布的大峡谷。当我们想要重新往上爬的时候，却发现身边的峡谷和峭壁更险峻了。

然而，这还不是
最糟糕的地方。

早些时候，有一只蜂鸟在我耳边嗡嗡地叫个不停。

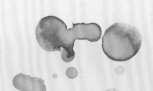

16

随身带的只有一条 3 美元买来的二手绳索，当时我们只不过想用它来捆绑木筏。

现在我们却得用这条绳子来攀岩！这太不靠谱了！

另外，拉米罗和达尔文很肯定地说有人在跟踪我们。

这幅简单的涂鸦展示了我们是怎样艰难地从沟壑中往上爬，还得把背包拽上去的。

夜间，有动物发出哭嚎般的声音，我们谁也不知道它是什么动物。所有人担心的是周围可能会有托洛蒙纳斯印第安人出没。

这只棕色卷尾猴在我们周围的树顶上不停地跳来跳去。

原路返回

今天，为了走出峡谷，我们一路拖着自己的背包攀爬了更长时间。我真是受够了！有好几次，我们都听到了奇怪的尖叫声，达尔文和桑德罗都说这不是他们所熟悉的动物发出来的。

棕色卷尾猴从树上往下跳跃，想要看清楚我们。

拉米罗说他看到天际线那边的树林里有人影在跑动。我留意了一下，的确有东西在动，不过我不确定那是不是人。但几名向导都确信那就是托洛蒙纳斯印第安人，嘱咐我们一定要待在一起，不能分开。

**我被猫爪藤钩住了皮肤，
强烈的疼痛持续了好长时间。**

18

猫爪藤

　　猫爪藤是一种生长极为迅速的藤蔓植物，主要分布于中美洲和南美洲。猫爪藤的主干可以生长到 20 米长，它长着许多锋利的三叉戟式"猫爪"，便于向上攀爬，很容易钩进人的衣服，甚至皮肉里！猫爪藤晒干后具有药用价值。

下午5:30

　　向导和两名脚夫暂时离开了，让我们坐在一块突起的岩石上等着。他们已经出去大约一个小时了。

　　桑德罗、拉米罗和达尔文说要去寻找走出大峡谷的路，他们把绳子和自己的背包也拿走了。现在，天逐渐黑了下来。有东西（也许是只鸟）在发出一种金属般的钟鸣声，就像是恐怖片的特效音乐一样。更让人害怕的是，离我们不远的小溪边的蕨类植物开始不停地晃动。

一只雄性环颈咬鹃。

后来……

　　他们回来的时候，夜已深。桑德罗放弃了前往恩纳塔华河的想法，路上的峭壁实在太陡了。他建议我们沿着小溪往下走，回到图伊河——我们的出发地，然后乘木筏顺流而下。此时，所谓的托洛蒙纳斯印第安人不断地在我们头顶上的岩石堆里发出声响，于是我们就同意了这个计划。

19

受 伤

去不了恩纳塔华河让我感到十分失望，我们又被困在了另一个峡谷里了，我还险些从一个大瀑布上摔了下去……更惨的是，

朱利安不小心用他的大砍刀伤到了

我的手指。

我们试图踩着河中的石头跳过河，但河水实在太湍急了，于是我们就进入河边的丛林，想要用刀开辟出一条道路。起初事情进展得很顺利，最后我们却来到了耸立在河道两边的悬崖顶上。我们走到了突出的悬崖顶端，从上面俯视，看到了一个十米宽的大瀑布，下面有一个巨大的水潭。

桑德罗接过绳子，打算顺着岩壁下去。我跟他说，从卫星地图上看，我们可以先走到另一条小溪那边去，然后沿河而下。

然后，我们攀援而下，一切都很顺利，直到朱利安意外地割伤了我的手指。鲜血喷涌而出，就好像是从医用注射器里推出来的一样。我只好用医用免缝合胶布把伤口牢牢包扎。

哎呦！

黑白鹰雕

在那之后，我再也难以专心致志地往前走了。更加悲惨的是，由于走起路来不停地打滑，我伸出手去扶住一棵棕榈树，结果手腕又被树干上的尖刺给刺伤了。刺深深扎进了我的肉里，拔出来之后我可以清楚地看到左臂上的皮肤留下了一条血痕。所有被刺伤的伤口都又红又硬，还流出了脓水。

在藤萝丛中开辟道路让人精疲力竭。

我现在感觉很累，又受了伤，

简直是悲催无比！

伤口

在闷热潮湿的气候下，伤口如果很深，是极不容易愈合的。要是伤口不能快速干燥并结痂，那么细菌极有可能钻进去，导致严重的感染。于是我尽量使伤口保持干爽，这样才有机会愈合。我所使用的医用免缝合胶布粘性很强，可以让伤口的两侧牢牢地贴在一起，保护创口。

木筏之旅

　　我们在图伊河上第一道溪谷前安营扎寨。身处这样阳光明媚、微风习习的野外，感觉顿时变好。

图伊河岸边

　　今天早上我们回到了图伊河。（在我们的出发地下游很远的位置）谢天谢地，我们能够洗一洗身上已经发臭的衣服，然后在阳光下晾干它们。拉米罗抓到了一条金色的鱼，名为贝雷亚鱼。而达尔文和桑德罗发现了一块长得十分茂密的印第安农田，田里种植的是某种可食用的木薯（左图）。美餐了一顿之后，

我们所有人都感到精神大振！

贝雷亚鱼

22

然后，我们给小艇充好
了气，并且把它们绑到一些
细树干上，做成了一艘木筏，
准备开启我们的下一段旅程。

现在只剩下
一个大问题……

图伊河之所以"臭名昭著"，
是因为一段被称为"圣彼得鬼门
关"的河段，那里的水流极其
湍急可怕。另外，还有一处名为
"太阳之门"的地方，河段从瀑
布上倾泻而下。

大约 30 年前，有一位名叫约西·金斯伯格的以色列游客在那里失踪了大约
三周，幸运的是他最终活了下来。几年前却有人在那里死于非命，导致现在没
有人愿意到这条河上旅行了。

后来……

我们决定出发，乘着一艘由充气艇做成的超载的木筏，
沿着图伊河顺流而下，开启我们为期三周的航行。我们所携带
的食物大约可以维持一周半，所以途中我们希望能够顺利地捕
到鱼！

乘风破浪

今天的木筏航行真的非常棒! 在背负全部行囊在大山之中艰难跋涉了整整七天之后，我们的确应该有所改变了。

通过一些急流的时候，真的把我吓得够呛，也有乐趣可言，就像是在坐过山车，只不过两边都是密布的雨林。

水流撞到巨石上腾飞而起，

形成**排山倒海**的巨浪，

然后落到河里又碎成一片片的水花。

桑德罗坚持由他来掌舵，但是他似乎对河流并不是很熟悉。拉米罗和达尔文划着桨，很难保持木筏径直向前。充气小艇在交叉绑到一起的树干上不断发出"砰砰"的漏气声。我用强力胶布和缝隙密封胶把漏气的地方粘住，不一会儿发现它们又裂开了。桑德罗勘察了一下两岸，发现了一些巴尔沙木，这正好可以给木筏增加额外的强度和浮力。

24

今天早晨，当我们渡过一股急流时，两条交叉的树干断掉了。桑德罗对我的掌舵技术可能有所不满，我也认为他不比其他人更加熟练。达尔文时不时发出"呦吼"或"啊呜"的喊声，这让我们感到很搞笑。

"呦吼"
"啊呜"

我们再次进入热带干旱林，发现许多树木的叶子都落了，金刚鹦鹉在头顶飞过。

热带干旱林

热带干旱林和热带雨林不同，每年必须应对漫长的旱季（6月到11月）。也就是说，和雨林相比，这里的生物多样性程度较低。在旱季的时候，落叶树木就会褪下叶子。阳光可以直射到森林地面上，底层的植被就会生长得十分茂盛。

花了一个半小时，我们前进了大约7公里，现在来到了山中一条狭窄通道的入口处。我认为这条通道会通向所谓"圣彼得鬼门关"——那条"臭名昭著"的急流，也就是约西·金斯伯格遇到麻烦的地方。我实在不想从瀑布上一头扎下去，于是我们就把木筏拆了，打算走陆路。等到明天我们再把它打包好，然后携带所有东西继续赶路。

不速之客

8月11日

　　我发现了一条非常理想的路线，那里还遗留着清晰的足迹，是一个人字拖的形状，于是我决定步行通过狭窄的山中隘口。但后来，这个决定被桑德罗批评了，因为这段河流实际上非常平缓，我们完全可以顺利地乘坐木筏通过。最终，我们又重新组装好木筏，继续顺流而下。

下午2点钟

　　在很长的一段河道里，水流都很平缓，前面的岸边还有人影出没。

一只嘴上镶着黄边的小巨嘴鸟在树上尖声鸣叫着。

　　离得近了后，我看到那是一个身着蓝锅炉色的衣服，头发灰白，戴着帽子的老人，以及一个戴着牛仔帽，穿着军装衬衫的人。还有一个人站在旁边，穿着一件白色短袖和牛仔裤。然而引起我们紧张的则是躺在地上的一个人，以及他手里高高举起的步枪。

当我们的木筏近了，才清楚地看到他们正在非法狩猎貘、淘洗黄金。起初，他们以为我们是来自国家公园管理局的。桑德罗从木筏上下来，向他们打听关于"圣彼得鬼门关"急流的事情。

貘

貘大体分为四个品种，均处于濒危状态。人类的非法狩猎、栖息地遭到破坏，导致了貘的数量不断减少。

爬到水边岩石上的一只貘。

那个戴牛仔帽的人是领头的，他告诉桑德罗往前再走两个小时，会看到一个穿过石墙的水槽，里面的水打着漩涡。在它右边有条小路，但不知道小路通向哪里。我认为稳妥起见，应该小心检查一下河道，有必要的话就上岸拖着木筏沿着河岸徒步前行。

长尾隐蜂鸟

后来……

小艇被扎坏的地方需要修理，我们就顺便停下来休息。刚刚贴上去的强力胶布已经掉了，于是我抹了一些缝隙密封胶，又裹上好几道胶带。与此同时，桑德罗出去寻找巴尔沙木用来加固木筏。

"圣彼得鬼门关"

情况变得
越来越危险！

我们遇到了两段急流。第一段是一个窄窄的水道，后面紧跟着一个大浪，先是把木筏的前端掀起来，然后"砰"的一下把我们摔了下来。我能做的只有紧紧抓着木筏不放。

"圣彼得鬼门关"的急流

这时，河水挤进一段筛子状的区域，里面密布着汽车般大小的巨石，我们也被卷进水流之中。水的咆哮声与巨石的摩擦声响彻整个峡谷。陡峭的石壁耸立在两侧，我们根本没有办法出去。当我们下落的时候，中间的一个小艇裂开了。我们被巨大的水流裹挟着，不停地打转，然后又掉了下去，我觉得被从一个小瀑布上冲下去了。

28

突然，我掉到了水里，被一条绑木筏的绳子缠住了。每当我努力把头伸出水面的时候，就有一个大浪拍过来，把我拍进水里。幸亏桑德罗抓住我的肩膀，把我拽了上来。

太吓人了！

前方的水域更加凶险，悬崖峭壁也更多。这就是"圣彼得鬼门关"，它让我再也不想乘木筏了。

下 午

我们上岸打包好一切，然后步行前进，想绕过这段凶险的水域。这时，达尔文和桑德罗却争论起来。达尔文说他发现了一条小路，那里有大砍刀砍过的痕迹，我们应当沿着这条路前进。而桑德罗却说我们应当沿着河往前走，他是队长，他知道怎样做才是对的……

就这样，我们来到了一个高达 15 米的瀑布的上方，被迫再次使用那条 3 美元买来的绳子爬到一段狭窄的小路。路上有一处地方发生过山体滑坡，部分悬崖倒塌了。我们最终成功绕过这段水域，并回到了河边，所有人都十分疲惫，没有力气准备今晚的晚饭了，只有剩下来的一碗冷饭。

一只蓝嘴黑顶鹭在岸边巡视着。

29

太阳之门

早晨（我很确定这是8月13日）

　　下了一整夜的雨，到了今天早上还没有停。河水已经漫到了我们露营的地方，把篝火浸灭了。朱利安、拉米罗和我开始修理小艇。达尔文步行沿着小河在前面探路，而桑德罗在煮咖啡。我觉得有点儿不舒服。

上午11:15

　　雨停了。达尔文说这条河通往另一个大峡谷。明媚的阳光透过雨后的空气照射下来，把附近的岩石映照得十分通透，看起来就像是一个通往太阳的入口（左图）。然而却让我更加担心起来，这一定就是那个惊险的"太阳之门"。四周全是岩石，无论是向上、向下或者向前都根本没法步行，我们只好继续乘木筏前进。

一只燕子掠过河面。

30

下午1:30，我们终于安然渡过了"圣彼得鬼门关"

我们乘船行驶在涨过水的河面上，在水流的加速度之下，迅速地朝一块石壁撞去。拉米罗用尽力气划着桨，想要避开，结果木桨"啪"的一声折断了。然后木筏就失控了！我紧紧抓住那卷强力胶布，从水里潜到木筏的另一边，找到断成两截的船桨。

河岸常年经受河水侵蚀，高耸在河道两侧。

我迅速把船桨断掉的两端叠在一起，用胶带缠起来，然后又把它扔给拉米罗。这简直太及时了，我们刚好行驶到峭壁底下。拉米罗疯狂地支起船桨，才使我们及时避开。然后我们调转船头，如离弦的箭般冲进了平静的水面。

五艘充气艇中有三艘都被扎破了，全靠桑德罗绑在两边的两根巴尔沙木才得以继续浮在水上。

水豚——渡过急流之后，我们才看到了动物。

后来……

新的问题出现了。食物快要吃光了，剩下的大米仅够维持三顿饭。

31

沿河漂流

我幸运地捉到了一条大鲶鱼。当时，我不小心绊到了拉米罗的鱼线上，鱼线一下子被拉紧了。起初我还以为鱼线挂到了水下的圆木，就使劲儿往上拽，却感觉有东西在动……

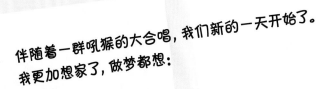

伴随着一群吼猴的大合唱，我们新的一天开始了。
我更加想家了，做梦都想：

● 洗一个澡，远离蚊虫的叮咬。
● 再也没有蜜蜂围着我"嗡嗡"叫个不停。
● 跟难闻的汗臭味说拜拜。
● 换上洁净干爽的衣服。
● 手腕和脚踝再也不会痛痒难忍。

我捉到的那条大鲶鱼大约有 8 公斤重，70 厘米长。当我把鱼拎起来的时候，拉米罗提醒我一定要当心，因为鱼鳍在不停地抽动，会把上面的毒素散播。我们吃了整整 5 天这条大鲶鱼的肉，也因此不停地放屁。

鲶鱼可能看起来有点丑，但吃起来味道相当不错。

鲶鱼

亚马孙流域生存着超过 3000 种鱼类，几乎其中的一半都属于鲶鱼家族。体积最小的鲶鱼仅有几毫米，而大的则可以长到 3 米长。

吼猴在树林间跳来跳去，追逐我们。

爬行昆虫

据统计，亚马孙雨林聚集了 200 多万种形态各异的昆虫。从长角甲壳虫到吓人的子弹蚁（又名 24 蚁，见下图）。空中充满了各种昆虫持续不断的"嗡嗡"声。夜幕降临，我们躺在吊床里，可以听到金蛉的鸣叫声。

走出深山

8月14日, 中午12点

我们的行进速度变得缓慢。一些河湾处也出现了急流, 但是没有任何一处像我们在河流上游经历过的那样吓人。

下午1:30

有一只国王秃鹫在我们的头顶上方盘旋着。河流在一个粗砾石小岛中间穿过, 我们听到了前方又传出水流的冲击声, 还好这个急流不是很大。

国王秃鹫生活在低地热带雨林之中。

下午3:30

前方出现了高耸的赤泥悬崖与砺石沙滩。天气非常热, 我们已经走出了深山, 河流变得十分开阔, 在阳光的照耀下蜿蜒向前流淌着。

34

在接下来的几天里，我们沿着一道又一道河湾前进，穿过了一片宽阔的粗砾石平原，四周环立着高耸的赤泥悬崖。河流还会带我们绕圈，有时候我们划了很久，却几乎又回到了一个小时之前经过的地方！河里偶尔还会出现漂流木，我们需要小心躲避，但大部分时候除了顺水漂流，我们悠然自得。

上午10点，现在我已经记不清日期了

一只角鹰从我们头顶掠过。天变得越来越热，除了水豚，所有的野生动物都远远地躲到森林里的荫凉之处。我们时而顺水漂流，时而用桨划水，就这样度过了四个半小时。在这样的大热天里，我们其实并没有前进多远，最后好不容易才回到了高地雨林。

一只角鹰准备狩猎猴子。

拉米罗看到有动物钻进了左侧岸边的水里。我原本以为错过了时机，但紧接着，就看到它在水中向右岸游去。我们一度认为这是只水豚。我用双筒望远镜追踪着它的身影，**后来，当它暴露在我们视野中时才发现，这居然是一只美洲豹！**

能够看到美洲豹实在太让人惊讶了，我按照记忆把它画了出来。

美洲豹

美洲豹与许多大型猫科动物不同，它喜欢住在靠近水边的地方，常栖息于亚马孙河及其支流的两岸。美洲豹善于游泳，经常捕捉龟、鱼及蟒蛇为食，周身布满了独特的玫瑰形斑点。

触礁沉没

夜间，在图伊河边的沙滩上

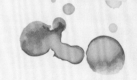

这是极其漫长而炎热的一天。我们驶过了一道又一道河湾，一边是高耸的赤泥悬崖，另一边则是位于河湾内侧的美洲竹和细细的号角树。

这个截面图请晰地展示了河岸两侧的景象。

拟椋鸟正在一棵号角树上搭窝。

每一次GPS定位都显示出我们并没有前进多远。下午4:30，无所事事的我们没能紧靠着岸边往前走，还没等到我们意识到的时候，木筏已经撞到了水下的岩石上。

除了一个充气艇得以幸存，其他的充气艇都爆裂了，

我们沉了下去。

号角树

号角树生长于亚马孙河沿岸。这种树非常特别，它是在土壤遭遇重大改变后（比如遭受过大火烧灼或河水冲刷），所生长出来的树种之一。号角树的树干细长，顶端有一个伞形的叶冠，这是许多昆虫以及三趾树懒的食物来源。

我们疯狂地往前划，等我们触碰到了左侧河岸的沙滩时，木筏上所有木头的部分都已经陷在水下了。我得过河看看是否能找到一些巴尔沙木或号角木，用来制造一只新木筏。

一只小小的棕色卷尾猴在看着我们搭建帐篷。

后来……

达尔文要跟我一起乘坐仅存的那只小艇过河，他说我们可以用腿划水。可我觉得这样行不通，决定游过去。事实上，这是个愚蠢的决定。

37

被河水冲走

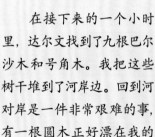

我穿着衣服和凉鞋，疯狂挥舞四肢，但仍然抵挡不住水流的强大冲击力。勉强到达河对岸的时候，

我已经累得**精疲力竭**了!

在接下来的一个小时里，达尔文找到了九根巴尔沙木和号角木。我把这些树干堆到了河岸边。回到河对岸是一件非常艰难的事，有一根圆木正好漂在我的胯下，于是我像骑马一样骑着它游了回来。

图伊河宽阔而平坦的河岸。

现在，我在营地里等着，朱利安、桑德罗和拉米罗游过河去取其他的木头。环顾四周，我看到整个河边的沙滩上有许多动物的踪迹：一群西猯、长鼻浣熊、天竺鼠、水豚以及一种不知名动物路过的踪迹，从脚掌的尺寸来看应该是——

一只巨大的美洲豹。

要是附近有西猯，我真的挺想看看。能够看到（并闻到）一群白唇西猯是游览雨林的奇遇之一。西猯通常成群行动，大的族群有好几百头之多，也就是说遇到它们时你要多加小心。白唇西猯会使用凶猛的獠牙赶走侵犯者。

在亚马孙雨林里，
最危险的动物
是西猯，不是美洲豹。

天竺鼠

天竺鼠是一种啮齿动物，主要分布于中美洲以及南美洲。它们的皮毛呈棕色，分布着点状与条状的白色斑点，尾巴短小。天竺鼠栖息在热带雨林之中，以水果、树叶和昆虫为食。由于喜欢游泳，这些小家伙常常临水而居。

长鼻浣熊

南美热带雨林里的长鼻浣熊同北美浣熊十分相似。它们头部窄小，鼻子很长，尾巴细长而布满条纹，身体呈褐色，胸部长有橙色皮毛。长鼻浣熊经常在森林的地面上或树冠中觅食水果。

追踪西猯

在制造新木筏的时候，我们听到森林中有奇怪响声传来，于是就沿河道追踪了过去……此刻，我们已经深入森林两个小时了，正沿着一条洒满阳光的小溪追踪一群西猯。

在树冠的掩蔽之下，森林里十分阴暗。那种声音听不清楚了，而西猯的臭味却无处不在，就像是男人身上的汗味混合着猪肝馅饼的味道。让人意想不到的是，即便它们在这里留下的踪迹十分明显，仍然很容易被跟丢。

现在，我们看到了西猯的腿，时不时还可以看到长鼻子在晃来晃去，并听到低低的哼哼声，以及蹄子走路和踩踏植被的声音。这群白唇西猯正路过离我们大约只有六米远的一排竹林。

这张素描记录了面对横冲直撞的西猯群，我躲在"救命树"上的情景。

40

我确定，这群西貒在往四周散开，听起来像是在朝我们这边移动。

林中传来了牙齿碰撞发出的咔咔声，

而且声音变得越来越清晰 —— 我们觉得西貒发现了我们。几头西貒跑掉了，而灌木丛后面的其他西貒则站在原地。在我们右边，有一棵半倒的树歪斜在那里，这是我们定好的逃跑路线。我认为桑德罗已经绕过去包抄了西貒，听到他的大砍刀发出了"叮"的碰撞声。

突然，

一头大个儿的西貒从灌木丛中气势汹汹地跑出来。它盯着我，耳朵平贴在脑袋上，牙齿不停地发出咔咔的碰撞声。

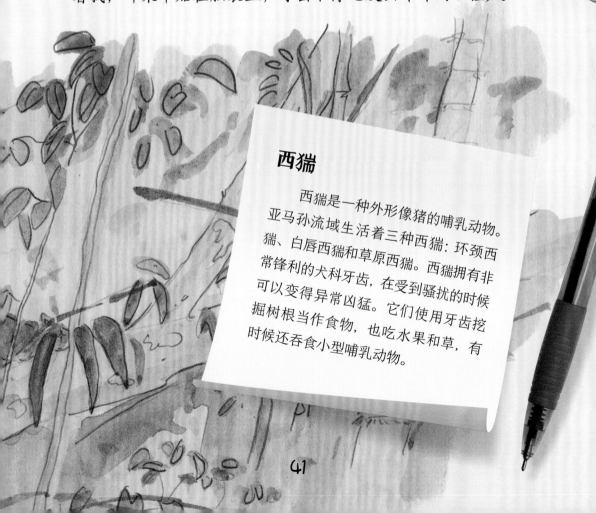

西貒

西貒是一种外形像猪的哺乳动物。亚马孙流域生活着三种西貒：环颈西貒、白唇西貒和草原西貒。西貒拥有非常锋利的犬科牙齿，在受到骚扰的时候可以变得异常凶猛。它们使用牙齿挖掘树根当作食物，也吃水果和草，有时候还吞食小型哺乳动物。

41

紧张时刻

狂奔!

忽然，林中传来一声巨响，西猯群穿过林下的灌木丛，**径直向我们冲来……**

后来——回到沙滩

后来，我们终于回到了沙滩，我汗流浃背，浑身发臭，身上沾满了森林里的泥土，就像是一头西猯。刚才，当西猯群冲过来的时候，朱利安扔掉了摄像机，慌忙爬上那棵"救命树"，我也跟在他后面摇摇晃晃地爬上了树干。在我们身下有一群西猯在横冲直撞——

至少有40头!

是桑德罗把它们惹火的!

他刚刚告诉我，他试图捉住一头西猯——我不确定他是为了吃还是仅仅为了炫耀——结果惹得整个西猯群狂奔了起来。看到了朱利安和我安然无恙，桑德罗才松了一口气。

我们要离开了，达尔文和拉米罗表现得十分出色。他们用所有的巴尔沙木扎成了一个木筏。作为领队，桑德罗表示需要检查一下拉米罗他们打的绳结是否结实。

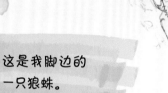

这是我脚边的一只狼蛛。

拉米罗十分不高兴，他说自己的绳结足够结实，然后就气冲冲地去下一个河湾处捕鱼了。

一条橙斑马鲛

再后来……

拉米罗拖上岸一条十分美味的大橙斑马鲛。我们今晚可以美餐一顿了！

获得拯救

漂流到贝尼河

可以说，我们已经身逢绝境了。所有的充气小艇都被扎破了（我们用光了胶水和胶带），我们的食物也都吃光了，只能随便找野物充饥。

图伊河下游的红绿金刚鹦鹉

我们的新木筏由巴尔沙木制造而成。剩下的充气小艇被我们用最后的一点胶带补上了。它无法在水里继续漂流，而是被我们当成坐垫放在木筏上。然而，在接下来的一周里，木头逐渐被河水浸透，漂得越来越慢。我们把木筏扎紧，打算凑合一两天，然后再寻找新木头。

44

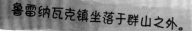
鲁雷纳瓦克镇坐落于群山之外。

等到达宽阔的贝尼河时，木筏已经沉了。我们发现上游远处的地方有一艘雨点般大小的船，朱利安、桑德罗和我站在水中，挥舞着木桨和我的橙色装备包，借此吸引船上人的注意。

4小时后，我们来到了鲁雷纳瓦克镇。镇上熙熙攘攘，人声鼎沸，不断有摆渡船把卡车来回运过宽阔的河面。这里的人要比几周以来我见过的所有人加起来还要多好几倍，还有摩托车在雨中的街道上飞驰而过。

日记的最后一部分

现在，我们的感觉都不一样。朱利安渴望放松一下，我在往家里打过电话，把自己洗得干干净净之后，想要再回到森林里轻松地待上几天！

45

回 家

这是一次多么奇妙的旅行啊！我们先是被困到峡谷中，又在旋涡之中被急流裹挟而下，接着被西猯群追赶，还看到了美洲豹！然而我们却没有到达恩纳塔华河，这是我们这次探险的原定目的地。由于独木舟的外壳丢了，我们被迫使用儿童充气艇来代替（这并不是个好主意），这对探险没有起到太大帮助。

于是，朱利安和我计划返回。我们要从另外一条路线到达那条河，那边的山峰要更低一点。我们打算少带些人，多带些食物。我们一定会到达恩纳塔华河的！

后记

在第三次探险中，朱利安和我才到达了恩纳塔华河。第二次尝试的时候，我们又被困到了大山里，还得了丛林脚腐病。

在第三次探险的时候，我们带了一名印第安向导。他带领我们翻山越岭，又乘着独木舟穿越峡谷中汹涌的急流和瀑布。船被撞得粉碎，随后被迫用木杆重造了船骨，我们才得以回到营地。我们是第一批探索恩纳塔华河的人，此后的一段时间里再也没有人到过那里。